U0150740

魔方的思维世界

刘爱侠 著

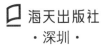

海天出版社
·深圳·

图书在版编目（CIP）数据

魔方的思维世界 / 刘爱侠著. — 深圳：海天出版
社，2020.6
ISBN 978-7-5507-2894-3

Ⅰ.①魔… Ⅱ.①刘… Ⅲ.①幻方－普及读物 Ⅳ.
①O157-49

中国版本图书馆CIP数据核字（2020）第062459号

魔方的思维世界
MOFANG DE SIWEI SHIJIE

出 品 人　聂雄前
策划编辑　黄明龙
责任编辑　王　民
　　　　　胡小跃
特邀编辑　周晓学
责任技编　梁立新
责任校对　李　想
装帧设计　线艺设计
　　　　　电话 83460339

出版发行　海天出版社
地　　址　深圳市彩田路海天综合大厦7-8层（518033）
网　　址　www.htph.com.cn
订购电话　0755-83460397（批发）　83460239（邮购）
设计制作　深圳市线艺形象设计有限公司　0755-83460339
印　　刷　深圳市华信图文印务有限公司
开　　本　889mm×1194mm　1/32
印　　张　3.1875
字　　数　80千
版　　次　2020年6月第1版
印　　次　2020年6月第1次
定　　价　26.00元

序　言

　　热爱魔方的人很多，但是能把魔方中的数学原理提炼出来，编写为训练青少年空间思维能力的教程，在国内涉足的人较少。刘爱侠老师和她的《魔方的思维世界》，则较好地进入了这个深水区。她在编写这本书的时候，能够借鉴的文字资料屈指可数，基本上全部靠自己琢磨、理解、消化和创新。

　　魔方，这个结构复杂的物理模型，当你第一次拿到它的时候，会感到既神秘又好奇，即使摆弄了一段时间，许多问题也是百思不得其解。主要是因为我们的空间思维能力在平时训练得不够系统，这一直是我们青少年思维的短板。

　　魔方还原是一项非常好的空间思维体操，它涉及诸多数学概念，如中心对称、轴对称、逆运算等。它能有效训练和提升青少年不同角度的观察力、公式和规律的记忆力、空间位置预判的想象力、各步骤功能叠加的推理力、符号识别的能力、表达能力和举一反三的应用能力等空间思维能力。这一切才是魔方最有价值之处。现在，刘爱侠老师和她的《魔方的思维世界》把这些隐形的价值充分挖掘出来，呈现在我们的面前。

　　撰写这本书，需要对三阶魔方的标准还原程序进行挖掘和拓展，对魔方的还原技巧融会贯通且有相当深度的理解。把规律归纳成数学原理，通过变式思维，重新设计各种新的问题让学生去解决，巩固对这些原理的理解，迁移到其他情形。这足以见证刘老师扎实的教育功底和突出的研究能力。学生在思考中充分感受空间思维之美，这足以抵消抽象符号语言的单调乏味。每一句话，都需要反复推敲，每个章节，都需要反复琢磨。在学习中，要征求其他魔方玩家的看法，吸取他们的智慧。这本书，凝聚着作者开放的胸怀和持之以恒的决心，以及所需要的钻研精神，我相信每位学习此教程的青少年都会有较大的收获。我们在遇到各种问题时，只有静下心来，在漫长的时间里，不辞辛苦地消耗脑力，并持之以恒，才能走向成功。

魔方世界是不断发展的，魅力也是无穷的，希望这本教程在实践中能不断地充实和完善，也希望更多的朋友加入到这个领域中来。

张文枫
2020 年 3 月

（张文枫，2012 年出版《魔方探秘》，由南海出版社出版。）

推荐语 1

王鹰豪：江苏卫视《最强大脑》第三季中国战队队长，《最强大脑》第三、四季中国名人堂成员，央视《挑战不可能》魔方挑战王。至 2019 年 10 月，共获得世界魔方协会赛事 96 个冠军，先后 16 次打破全国纪录，被誉为"中国魔方全能王"。

读过不少魔方教程，但刘爱侠老师的《魔方的思维世界》还是让我眼前一亮，这本书不同于其他魔方教程之好处表现在：

1. 各层顺时针和逆时针的解读

不少"魔友"可能记住了"下、左、后"的旋转，但并不理解其原理，《魔方的思维世界》以一个非常简单的视角，让大家明白各层的顺逆关系。

2. 目标位的确定

通过视频演示，很容易让读者明白棱块或角块的目标位置。但使用文字表述，一般的教程没有涉及，而本书使用了不同颜色的箭头，让读者理解目标角块及棱块。

3. 图形符号的使用

一般教程选择国际通用的字母符号，但本书选择了图形符号，更适合学生的思维习惯。在具体公式的表现中，同时给出了国际通用公式，便于学习者交流和进阶。

 魔方的思维世界

4. 巧妙的教学设计安排

作为一名教学经验丰富的老师，从不轻易将答案直接告诉学生，而是通过巧妙的内容与形式设计，让学习者跟着教程一步步地还原魔方。比如，镜像对称。若用国际通用符号很难体现魔方公式间的镜像对称关系，但由于本书使用了图形符号，这一难题迎刃而解。刘老师将二阶、镜面和三阶魔方的块进行比较，引导学生思考出其还原方法及复原步骤，更好地锻炼学生的思维能力。这样做，如同在刘老师的课堂上，和刘老师面对面交流。

我们还要在学习中掌握好要领，融会贯通，并做好以下事项：

1. 画一画

根据学习目标，学习者在相应图形上画出某步骤完成后魔方的状态，充分发挥自己的想象力。

2. 想一想

刘老师从交通信号灯得到启示，当学习者看到"停一停，想一想"的图案时，就要停止学习后续内容，而应该进行思考、讨论或试错练习。

3. 必须完成试错练习

本书给出魔方公式后，并未直接给出魔方的正确摆放方式，而是引导读者通过试错得出正确的结论。

如果你是小学四年级以上的学生，它教你自己动手还原魔方；

如果你是家长，它教你如何引导孩子还原魔方；

如果你是老师，可依据此书开设校本课程。

推荐语 2

本书特邀编辑周晓学：北京玩具协会会员，资深魔方教练，牵头主办 2009 年 WCA（世界魔方协会）深圳夏季魔方赛、2019 年 WCA 深圳十周年魔方赛。

很多魔方爱好者可能和我一样幻想过，假如"魔方"能成为学校的一门必修课，有专门的教材那该有多好，而今天，我终于读到了魔方教科书——《魔方的思维世界》。

魔方带给了我太多快乐，我发自内心地想要向更多人分享这份快乐。我曾经不停地向朋友推介，教他们玩魔方。可我的朋友几乎都是成年人了，肩上的担子重，很难沉下心来学习这个"无用"的东西。相比之下，我们青年学生最适合学习魔方了。但一个一个教，成本非常高。如果借助书籍这个人类进步的阶梯，就可以让更多人比较轻松地学会复原魔方了。

有一些普通的魔方教程，目标都集中在"如何复原魔方"上，只讲如何做，并不解释原理，不能引发学习者思考、探究。有一些初学者，只会死记硬背，生搬硬套，不能融会贯通。我手上的这本《魔方的思维世界》，则真正称得上是一本教科书。我迫不及待地翻开阅读，感受很奇妙。这本书，有清晰的学习目标，有对情况的归纳、总结与分析，有对公式镜像原理的阐述，甚至还有试错练习。

　　也许，这本书不像普通教程阅读时那么酣畅淋漓，直达目的。但你若愿意跟随它的节奏，画一画、转一转、想一想，必定会有更多的领悟。

目录

第一单元 魔方的基础知识

你的单元学习目标

通过本单元的学习，你将了解魔方的发明者、"上帝之数"（God's number）、魔方术语等。能正确识别魔方的块（piece）、层（layer）、面（face），理解魔方中心块（centre piece）、角块（corner piece）、棱块（edge piece）之间的关系。认识转动符号（notations）、公式（algorithms），能迅速将魔方公式转化为手指运动。

观察力：快速找到三阶魔方的中心块、角块、棱块。

想象力：根据魔方各色块的当前位置推测其目标位置。

推理力：由三阶魔方推测二阶、三阶异形及高阶魔方的结构及还原方法。

记忆力：识记转动符号、公式等，并将魔方公式转换为手指运动。

表达力：能够使用术语表述魔方的基础知识，能够用符号语言记录魔方的转动、状态等。

应用力：以魔方为载体，提高空间思维能力，理解立体几何中的相关知识，解决相关问题。

魔方的故事

点动成线，线动成面，面动成体，体动魔方转。

正六面体有 6 个面，8 个顶点，12 条棱。

三阶魔方有 6 个中心块（6 个面），8 个角块，12 个棱块。

熟悉正六面体的结构有助于我们了解三阶魔方的构造，通过三阶魔方的还原亦有助于我们学习正六面体的相关知识。

1. 魔方大咖

1.1 魔方发明者

我们一定要记住魔方的发明者——厄尔诺·鲁比克。他出生于 1944 年 7 月 13 日，是匈牙利籍的发明家、雕刻家和建筑学教授。他被世界所知的是在 1974 年发明了魔方系列玩具，被人们称为魔方之父。他当时发明魔方，仅仅是作为一种教学工具，帮助学生增强空间思维能力，学习好三维设计课程。

当魔方在手时，厄尔诺·鲁比克将魔方转动几下后，他发现把混乱的魔方色块还原是一件有趣而又困难的事情，他当初花了整整一个月时间才使它还原。

魔方与"华容道"（也称"捉放曹"）、"独立钻石"（有一种说法是"九连环"），称为世界三大智力玩具，而魔方受欢迎的程度更是智力游戏界的奇迹。

1980 年 Ideal Toys 公司开始销售魔方玩具，并将名字改为 Rubik's Cube。

1.2 魔方转动符号发明者

英国伦敦南岸大学原数学教授大卫·辛马斯特（David Breyer Singmaster）于 1978 年 12 月发明了魔方转动的记录方法，称之为"辛马斯特标记"（Singmaster notation），此后便成为通用标准，也就是我们所说的"魔方公式符号"。

辛马斯特标记，由"各层代号""旋转方向"两部分组成。

2. 魔方与数学

2.1 轴对称（镜像对称）

把一个图形沿着某一条直线折叠，如果直线两旁的部分能够互相重合，那么称这个图形是轴对称图形（axial symmetric figure），也称为镜像对称（mirror symmetry），这条直线就是对称轴。魔方中存在多个对称轴。

2.2 变化之数

魔方除了 6 个固定不变的中心块外，8 个角块共有 8！种组合，每个角块有三种方向不同的颜色，因此共有 8！× 3^8 种组合。12 个棱块，每个棱块有 2 种方向不同的颜色，共有 12！× 2^{12} 种组合。但是魔方由于在还原过程中不能在其他方块不动的前提下，单独改变某一方块的方向，即需要除以 3 × 2 × 2。因此三阶魔方的总变化约为 $4.3 × 10^{19}$。如果你一秒可以转动魔方 3 下，不计重复，你也需要转 4542 亿年，才可以转出魔方所有的变化。

$$\frac{8!\ \times 3^8 \times 12!\ \times 2^{12}}{3\times 2\times 2} \approx 4.3\times 10^{19}$$

2.3 "上帝之数" God's number

上帝之数指还原一个任意打乱的魔方所需要的最少步数。

美国加利福尼亚州科学家在 2010 年 7 月利用计算机破解了"任意打乱的魔方最少在多少步之内一定可以还原？"这一谜团。研究"上帝之数"的"元老"科先巴（H. Kociemba）、"新秀"罗基奇，以及另两位合作者——戴维森（Morley Davidson）和德斯里奇（John Dethridge），他们证明任意组合的魔方均可以在 20 步之内还原（此处定义一个面的任意角度转动为一步，即转动 180° 也视为一步），"上帝之数"正式定为 20（God's Number is 20）。

2.4 数学家让魔方走向世界

魔方因何种原因进入大众视野，你一定想不到。

最初它的风行，始于数学界。1978 年，在荷兰首都赫尔辛基的国际数学家大会上，一种立方体玩具受到了数学家们的关注。世界顶级群论专家约翰·康威（John Horton Conway）和几个有门路的知名数学家，都带了一些魔方参会。这个充分体现了"空间转换"的神奇玩具，瞬间抓住了数学家们的好奇心。

数学家们的好奇心与热情被激发出来，几十个魔法方块很快被抢空，没有拿到的人们都在打听可以去哪里买到。就连数学核心期刊，都在登载文章介绍与魔方相关的数学概念。

数学家们的共鸣，为魔方的流行打下了必要的、坚实的基础。

3. 中心法则 Central rule

3.1 轴

魔方中心是一个六向轴，六个中心块与轴通过螺丝相连，中心块可以绕轴旋转。（图 1-1-1）

图 1-1-1

3.2 块

"块"是魔方的基本结构单位。中心当然是"中心块"（centre piece），它在中央，只有一面有颜色。"角块"（corner piece）即在角落的块，三面有颜色。"棱块"（edge piece）在正方体每条棱的中间，两面有颜色。中心块＿＿个，角块＿＿个，棱块＿＿个。每个中心块与其四周的＿＿块形成一个"十字"，每个＿＿块都挨着 3 个棱块。（图 1-1-2）

图 1-1-2

中心法则：魔方每个面的颜色是由中心块的颜色决定的。观察魔方，红色中心块的对面是_____色中心块，将魔方转动几步，再观察红色中心块的对面是_____色中心块。因此，中心块的相对位置是_____（变或不变）的。

3.3 配色

统一魔方的配色是为了更方便地交流魔方的玩法和技巧，魔方的标准配色由黄、白、蓝、绿、红、橙六种颜色组成。（图1-1-3）

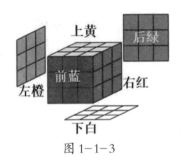

图1-1-3

瞧一瞧：观察你的魔方，说出哪两种颜色位于对立面？

魔友：_____相对，_____相对，_____相对。一般遵循着上黄下_____、前蓝后_____、左橙右_____。

鲁比克公司听取色彩研究者的意见，将相对两面的颜色安排为相同色系，便于人肉眼的观察区分。即红橙相对，黄白相对，蓝绿相对，且蓝、橙、黄（Blue、Orange、Yellow，简称BOY）三色以顺时针排列。

瞧一瞧：将图1-1-4甲的魔方还原后，右面应是什么颜色，后面呢？

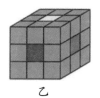

甲　　　　　　　　　乙

图 1-1-4

大侠：被打乱的魔方，颜色让人眼花缭乱。请你一定记住，这时你的眼睛只看中心块，自动忽略棱块和角块，人脑的反应是将甲图转换为乙图。右面中心块是红色，因此还原后的魔方右面是红色。前面中心块是蓝色，则后面中心块是绿色，因此还原后的魔方后面是绿色。

如何确定棱块或角块的目标位置？来自三个中心块的白色箭头（箭头代表三个中心块扩展形成的三个平面）指向的角块为"黄蓝红角块"的目标位置，两个蓝色箭头指向的棱块为"红黄棱块"的目标位置，两个黄色箭头指向的棱块为"红蓝棱块"的目标位置。（图 1-1-5）

图 1-1-5

3.4 层

层是魔方可以转动的最小单位，通过"层"的转动，带动"块"的位置或方向变换。魔方的复原是"一层一层"地进行，而不是"一面一面"地来。图 1-1-6 甲只复原白色面，无法进行下一步的还原；图 1-1-6 乙还原了一层，可接着进行下一层的复原。

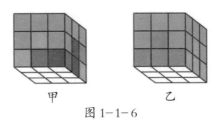

甲　　　　乙

图 1-1-6

三阶魔方可分为上（顶）层、中层、下（底）层，前层、中层、后层，或者左层、中层、右层。（图 1-1-7）

图 1-1-7

转动魔方的层，可以看到棱块和角块的位置发生变化，中心块位置不变。

魔方的语言

魔方转动符号的发明是为了方便魔友们之间的交流。

1. 符号

魔方是以"层"为最小单位进行转动的。魔方公式的国际标准转动符号是英文字母，魔方各层取自相应单词的首字母，还有旋转方向。

1.1 转动一层：大写字母

U，代表"上层"，顺时针转动90°；

U2，表示上层顺时针转动2个90°，即顺时针转动180°；

U'，还是"上层"，表示上层逆时针转动90°。

上层：U（Up） 下层：D（Down）

前层：F（Front） 后层：B（Back）

左层：L（Left） 右层：R（Right）

上（U）下（D）之间的中层：E（Equator）

前（F）后（B）之间的中层：S（Standing）

左（L）右（R）之间的中层：M（Middle）

1.2 转动双层：小写字母

上层（U）+ 中层（E'）= u 下层（D）+ 中层（E）= d

前层（F）+ 中层（S）= f 后层（B）+ 中层（S'）= b

左层（L）+ 中层（M）= l 右层（R）+ 中层（M'）= r

1.3 魔方整体转动：小写字母

用 xyz 表示，来自数学的空间直角坐标系。

x：整个魔方以 R 方向转动，x'：整个魔方以 R' 方向转动；

y：整个魔方以 U 方向转动，y'：整个魔方以 U' 方向转动；

z：整个魔方以 F 方向转动，z'：整个魔方以 F' 方向转动。

本书特色符号：国际通用的魔方转动符号是英文字母，不太符合中国人的思维习惯，尤其是初学者。因此本书采用更直观的图形符号，让初学者一看就懂。但对于更复杂的魔方，则仍需使用国际通用的字母符号。

符号 ⇇：三横表示上、中、下（底）三层，向左的箭头表示"上层向左转 90°"，中层和下层不动，即上层顺时针转 90°。

符号 ⇉：上层向右转 90°，即上层逆时针转 90°。

符号 |||↑：三竖表示左、中、右三层，向上的箭头表示"右层向上转 90°"，中层和左层不动，即右层顺时针转 90°。

符号 ↓|||：左层向下转 90°，即左层顺时针转 90°。

符号 ⌒：前层向右转 90°，即前层顺时针转 90°。

符号 ⌐⌐：后层向左转 90°，即后层顺时针转 90°。

符号 |||↓ |||↓：右层逆时针连续转动两个 90°，即右层逆时针转动 180°，右层顺、逆时针转动 180° 效果相同。

"某层顺时针方向转动或逆时针方向转动"时，其方向判断的方法是"当我们正面面对这个层时的旋转方向"。

左层和右层均为向上旋转 180°，当我们正面面对左层时（把书放置在你的右边），观察到左层逆时针旋转 180°；当我们正面面对右层时（把书放置在你的左边），

观察到右层顺时针旋转 180°。（图 1-2-1）

逆时针旋转　　　　　　顺时针旋转

图 1-2-1

上层和底层均为向右旋转 180°，当我们正面面对上层时（把书倒过来看），观察到上层逆时针旋转 180°；当我们正面面对底层时（你可以仰起头看，哈哈），观察到底层顺时针旋转 180°。（图 1-2-2）

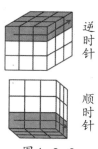

逆时针

顺时针

图 1-2-2

顺时针：上层往左 ⇇、右层往上 ‖↑、前层往右 ⌒。

顺时针：下层往右 ⇉、左层往下 ↓‖、后层往左 ⌒。

逆时针：上层往右 ⇉、右层往下 ‖↓、前层往左 ⌒。

逆时针：下层往左 ⇇、左层往上 ↑‖、后层往右 ⌒。

温馨提示：初学者想要还原魔方，首先必须能够识别魔方转动符号，表 1 中的"转动方法""通用符号""图例""图形符号"需要你烂熟于心。

表1 魔方符号

转动方法	通用符号	图例	图形符号
上层顺时针转90°	U		
上层逆时针转90°	U'		
上层转180°	U2		
右层顺时针转90°	R		
右层逆时针转90°	R'		
右层转180°	R2		
前层顺时针转90°	F		
前层逆时针转90°	F'		
前层转180°	F2		
左层顺时针转90°	L		

续表

转动方法	通用符号	图例	图形符号
左层逆时针转 90°	L'		
左层转 180°	L2		
后层顺时针转 90°	B		
后层逆时针转 90°	B'		
后层转 180°	B2		
底层顺时针转 90°	D		
底层逆时针转 90°	D'		
底层转 180°	D2		
整个魔方向左旋转 90°	y		

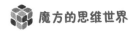

续表

转动方法	通用符号	图例	图形符号
整个魔方向右旋转90°	y'		
整个魔方向前旋转90°	x'		

2. 测一测

请你将表格中的内容补充完整。

转动方法	通用符号	图例	图形符号
上层顺时针转 90°	U		
右层转 180°			
	F'		

3. 公式

在魔方还原过程中，我们不断地要让魔方从一种状态转换为另一种状态，转变过程是通过一系列移动的组合来实现的。我们用符号来表示魔方每一步的转动，当我们把一系列转动过程依次用符号写下来，就成为"公式"。

公式（图1-2-3）共有四步，做这个公式的时候需要我们依次完成4个动作。在某些公式中，某个动作会连续出现，为了更方便的表示，我们将重复的部分用括号括起来，后面写上重复的次数。（图1-2-4）

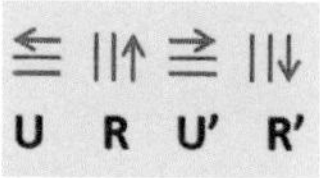

⇐ ‖↑ ⇒ ‖↓

U　R　U′　R′

图1-2-3

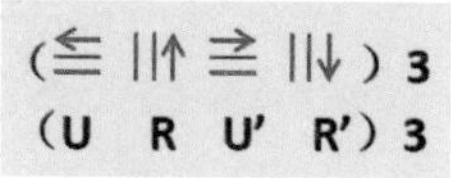

(⇐ ‖↑ ⇒ ‖↓）3

(U　R　U′　R′）3

图1-2-4

4. 还原方法

初学者通常使用 LBL（层先法，Layer by Layer），速拧高手则选用 CFOP 方法还原魔方。

LBL 出自美国著名数学家 David Singmaster 于 1980 年出版的 *Notes on Rubik's Magic Cube* 一书，书中给出了魔方还原的一种具体方法 LBL。LBL 即逐层还原魔方，先还原底层，再还原中间层，最后还原顶层。

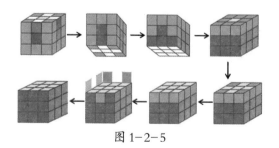

图1-2-5

层先法的基本步骤：底棱背位（一朵小花）→底棱归位（白色十字）→底角归位→中棱归位→顶棱翻色（黄色

15

十字）→顶角翻色→顶角归位→顶棱归位。（图 1-2-5）

底棱背位：中心块是黄色，而周围四个棱块均为白色。

翻色：顶层棱块或角块的黄色与顶面黄色中心块颜色一致，而其他面的颜色与相应的中心块颜色不一定相同。

归位：每个棱块或角块的各面颜色均与所在面的中心块的颜色相同，它是魔方块还原后的状态。

Fridrich Method（CFOP 法）是魔方的另一种还原方法，是一位叫 Jessica Fridrich（杰西卡·弗雷德里奇）的女士发明的一种速解法，是目前世界上最流行的魔方解法。CFOP 是 Fridrich Method 的别称，由四个步骤"Cross、F2L、OLL、PLL"的首字母组合。杰西卡·弗雷德里奇原是捷克人，现为美国国籍，是水印鉴定、电力电气、数字映像、法医鉴定领域的专家，同时她还是一位狂热的魔方玩家，一位魔方高手。CFOP 包括了 119 个公式，分为 4 个步骤复原魔方，使得世界魔方速拧成绩突破了 20 秒大关。

Cross：字面上的意思为"十字"，是 Fridrich Method 中的第一步骤。

F2L：是"First 2 Layers"的缩写，意思为"完成前两层"，是 Fridrich Method 中的第二步骤。

OLL：是"Orientation（方向、定向）of Last Layer"的缩写，意思为"最后一层的方向调整"，这是 Fridrich Method 中的第三步骤。

PLL：是"Permutation（置换、变换）of Last Layer"的缩写，意思为"最后一层的排序"，这是 Fridrich Method 中的第四步骤。

第二单元 三阶魔方的还原

通过本单元的学习，你将能够将任意打乱状态的魔方还原。

观察力：快速找到所要还原的目标棱块或目标角块。

想象力：根据魔方目前的状态，预测目标棱块或角块将要到达的位置，及转动过程中可能引起的变化。

推理力：在不断的试错练习中得出魔方正确的摆放方式，并由理想情况推测特殊情况的处理。

记忆力：熟练记忆公式，并灵活应用。

表达力：把你创造的公式用魔方的图形符号、国际标准的通用转动符号表示出来；用准确的语言表达魔方的状态，及还原过程中的注意事项。

协调力：训练眼的敏锐观察能力，大脑的快速反应能力，手指运动的灵活性。

魔方的思维世界

步骤一 底棱背位（一朵小花）

🔲 **学习目标：**

在 12 个棱块中快速找到 4 个底棱（白棱），并将 4 个底棱和黄色中心块组成"一朵小花"。

活动 1 看一看

含有底面颜色（白色）的棱块就是底层棱块，简称底棱。观察魔方，你将发现底棱有_____个，颜色分别是白红、_____、_____、_____。

活动 2 画一画

把底层（白色）棱块放到白色中心块的对面（黄色面），组成一朵小花。即花蕊是黄色中心块，与之相邻的四个花瓣是白色棱块。充分发挥你的空间想象，用水彩笔画出"一朵小花"。（图 2-1-1）

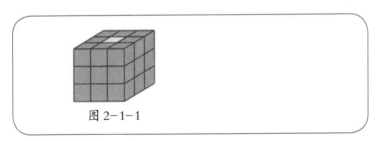

图 2-1-1

当你看到"停一停 想一想"时，请你一定停！停！停！想！想！想！

活动 3 转一转

你的"一朵小花"和图 2-1-2 相同吗？若有差异，想一想哪个环节出了问题。

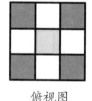

立体图　　　　俯视图

图 2-1-2

图 2-1-2，箭头所指即为目标位置（魔方还原状态时的棱块或角块的位置）。试着转一转你的魔方，完成底棱背位。15 分钟内是你的独立思考时间，15 分钟后可以与其他同学讨论。这是你破解魔方的第一步，你一定能行！加油！

活动 4 帮一帮

解读底棱背位（理想情况）：当白色棱块在中层时，整体转动魔方，使中层白色棱块的白色面向自己。然后只须顺时针转动右层 90°（图 2-1-3）；或逆时针转动左层 90°（图 2-1-4），白棱就会被移到顶层。

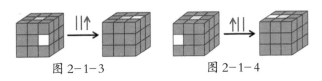

图 2-1-3　　　　　　　图 2-1-4

活动 5 变一变

特殊情况：若白棱不在中层，又该如何操作？对照魔方，在空白处写出相应的魔方转动符号，使得所有白棱完成底棱背位。（图 2-1-5）

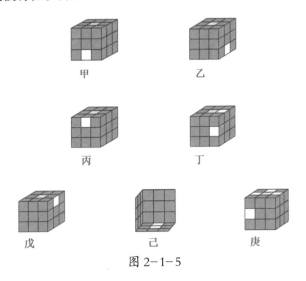

甲　　　　　　　　乙

丙　　　　　　　　丁

戊　　　　　己　　　　　庚

图 2-1-5

大侠是这样做的。（图 2-1-6）

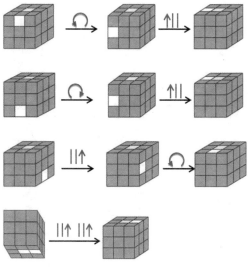

图 2-1-6

图 2-1-7 中，若直接顺时针转动右层，"白棱 1"将到达"白棱 2"的位置，但已就位的"白棱 2"将离开顶层。怎么办呢？非常简单，让"白棱 2"发扬风格让一让，给"白棱 1"留一个空位（非白棱）就好了。图 2-1-8 亦是如此。

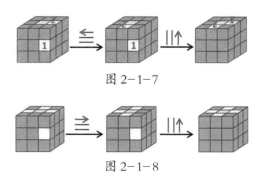

图 2-1-7

图 2-1-8

 **活动6 测一测**

完成了本节的学习，你的六维能力达到了什么水平？自我评价一下吧。评价分为1—3级水平，详见下表。请根据实际情况在"六维能力雷达图"上先描点再连线。

核心素养	具体目标	自我评价
观察力	你能找到4个底棱，并在俯视图中画出"一朵小花"吗？	我能独立完成，3分
		我能完成，需要时间较长，2分
		我在老师的帮助下能完成，1分
想象力	你能拼出"一朵小花"吗？	我能自己完成，3分
		我能，但需要与同伴交流，2分
		我需要参考"活动4"，1分
推理力	在熟悉本步骤的还原后，你能否脱离直观符号，写出相应的抽象符号？	我能，快速且正确，3分
		我能，需短时间思考，2分
		我能，需较长时间的思考，1分
记忆力	你是否已熟练掌握相关符号？	我非常熟练，3分
		我比较熟练，2分
		我不太熟练，1分
表达力	你能否用魔方术语向同伴描述魔方的状态及本节可能使用的符号？	我能用简洁的语言清晰表达，3分
		我能较为流利地表达，2分
		我能，但表达时停顿较多，1分
协调力	你能很快将符号转化为手指运动吗？	我能很快完成，3分
		我需要短时间思考，2分
		我需要较长时间，1分

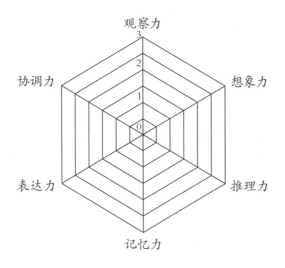

魔方还原遇到困难时，你想到过放弃吗？本节已完成，请写下你此刻的感悟。

_____

_____

_____

_____

_____。

温馨提示：一定要反复练习，熟练掌握底棱背位的还原技巧后，再进入下一节的学习。

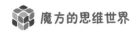

步骤二 底棱归位（白色十字）

➩ **学习目标：**

依次把 4 个底棱与同色中心块匹配，将 4 个底棱与白色中心块组成"白色十字"，且白棱侧面颜色与其所在面的中心块颜色匹配。

活动 1 转一转

底棱已归位的魔方（图 2-2-1），四个底棱回到正确位置后，同时满足了"白色十字"和"侧面颜色匹配"两个条件。试着转一转，15 分钟内是你的独立思考时间，15 分钟后可以与其他同学讨论。这是你破解魔方的第二步，你可以的！加油！

立体图

底层平面图

主视图

图 2-2-1

活动 2 帮一帮

若你已经顺利完成"活动 1",那就跳级吧!当然你也可以看看大侠是如何还原的。

逆时针转动顶层 90°,将"白绿棱块"与"绿色中心块"颜色匹配,顺时针或逆时针旋转右层 180°,则"白绿棱块"翻转至底层。(图 2-2-2)

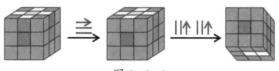

图 2-2-2

顺时针转动顶层 90°,将"白红棱块"与"红色中心块"颜色匹配,旋转前层 180°,则"白红棱块"翻转至底层。(图 2-2-3)

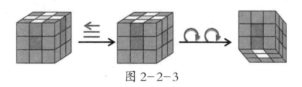

图 2-2-3

活动 3 测一测

完成了本节的学习,你的六维能力达到了什么水平?自我评价一下吧。自我评价分为 1—3 级水平,详见下表。请根据实际情况给自己打分吧,先描点再连线。

核心素养	具体目标	自我评价
观察力	你能快速找到底棱的目标位置吗?	我能很快找到,3分
		我能找到,需要较长时间,2分
		我在老师的帮助下能找到,1分
想象力	你能将底棱归位吗?	我能自己完成,3分
		我能,但需要与同伴交流,2分
		我需要参考"活动2",1分
推理力	你能将1、2节合并,直接拼出"白色十字"吗?	我能,快速且正确,3分
		我能,需短时间思考,2分
		我能,需较长时间的思考,1分
记忆力	你是否已熟练掌握相关符号?	我非常熟练,3分
		我比较熟练,2分
		我不太熟练,1分
表达力	你能否用魔方术语向同伴描述魔方的状态及注意事项?	我能用简洁的语言清晰表达,3分
		我能较为流利地表达,2分
		我能,但表达时停顿较多,1分
协调力	你能很快将公式转化为手指运动吗?	我能很快完成,3分
		我需要短时间思考,2分
		我需要较长时间,1分

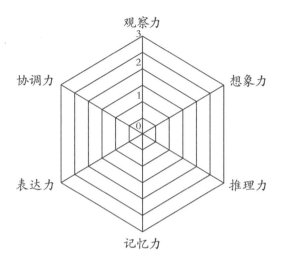

魔方还原遇到困难时，你想到过放弃吗？本节已完成，请写下你此刻的感悟。

_____

_____

_____

_____

_____。

步骤三 底角归位

⇨ **学习目标：**

　　白色角块复位，使之与三个侧面的中心块都同色（匹配），并且侧面会出现相同颜色的 1 个中心块、2 个底角和 1 个底棱组成的倒"T"字形。

活动 1 看一看

　　观察魔方，你将发现白色底角有_____个，颜色分别是白红绿、_____、_____、_____。

活动 2 画一画

　　请画出底角已归位的魔方。（图 2-3-1）

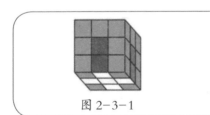

图 2-3-1

停一停·想一想

!

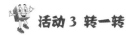 **活动 3 转一转**

底角归位后的状态（图 2-3-2），你也是这样画的吗？

图 2-3-2

请你试着将底角归位。15 分钟内是你的独立思考时间，15 分钟后可以与其他同学讨论。加油！

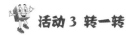 **活动 4 帮一帮**

在顶层找白色角块（底角），转动顶层或整体转动魔方，使得位于顶层的底角的白色面与自己面对面。再根据底角的三种颜色找到其目标位置，使得顶层的底角位于目标位置的正上方。

解读底角归位（基本情况）："白色角块 1"的家在"角块 2"，使用底角归位公式将使得"角块 1"和"角块 2"交换位置。（图 2-3-3）

图 2-3-3

"角块1"要回家找妈妈，"角块1"的家在"角块2"的位置。"角块1"必须放在"角块2"的正上方才能通过"公式1或2"回家。

公式1：

当"角块1"位于目标位的正上方时，白色与自己面对面且位于右侧，使用"公式1"。（图2-3-4）

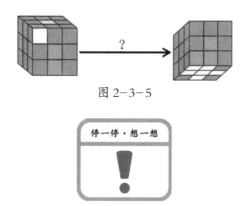

图2-3-4

仔细观察，你会发现图2-3-3中两个"角块1"和它们的目标位"角块2"像是在照镜子一样，我们称这两种情况为"左右镜像对称"。因此图中两个"角块1"归位的公式以及还原的路径都是镜像对称的。

请根据"公式1"，写出图2-3-5中角块归位"公式2"。

图2-3-5

停一停·想一想

!

大侠是这样书写的：将"公式1"置于镜面前，绘制"公式1"在镜子中的图像，由上至下书写（图 2-3-6）。由左向右书写公式。（图 2-3-7）

图 2-3-6

图 2-3-7

活动5 变一变

特殊情况：若不是图 2-3-3 的基本情况，只做一遍"公式1或2"是不能将底角归位的。牢牢记住，当"白色角块"置于顶层且白色朝前时，就可以使用"公式1或2"。因此当你遇到其他情况时，一定要设法将"白色角块"置于顶层且白色朝前，即与自己面对面。

若是特殊情况，你该如何将底角归位呢？（图 2-3-8）

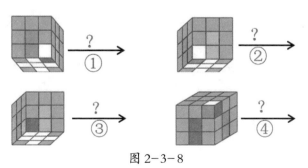

图 2-3-8

大侠是这样将底角归位的（图2-3-9）：

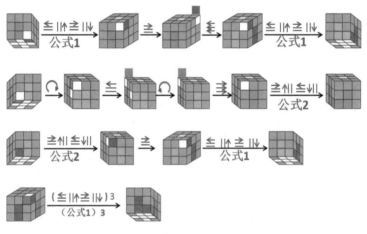

图2-3-9

活动6 测一测

完成了本节的学习，你的六维能力达到了什么水平？自我评价一下吧。自我评价分为1—3级水平，详见下表。请根据实际情况在"六维能力雷达图"上先描点再连线。

核心素养	具体目标	自我评价
观察力	你能为每个底角找到它们的目标位吗？	我能独立完成，3分
		我能完成，需要时间较长，2分
		我在老师的帮助下能完成，1分
想象力	你能将底角归位并写出公式吗？	我能自己完成，3分
		我能，但需要与同伴交流，2分
		我需要参考"活动4"，1分
推理力	你能写出"公式1"的镜像对称公式吗？	我能，快速且正确，3分
		我能，需短时间思考，2分
		我能，需较长时间的思考，1分
记忆力	你是否已熟记并灵活应用"公式1和2"？	我非常熟练，3分
		我比较熟练，2分
		我不太熟练，1分
表达力	你能否用简洁的语言向同伴描述魔方的状态及注意事项？	我能用简洁的语言清晰表达，3分
		我能较为流利地表达，2分
		我能，但表达时停顿较多，1分
协调力	你能很快将公式转化为手指运动吗？	我能很快完成，3分
		我需要短时间思考，2分
		我需要较长时间，1分

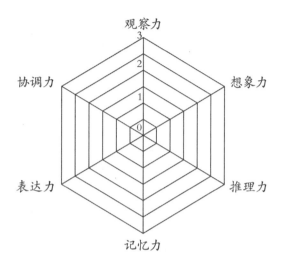

观察力

协调力

想象力

表达力

推理力

记忆力

魔方还原遇到困难时，你想到过放弃吗？本节已完成，请写下你此刻的感悟。

_____

_____

_____

_____

_____。

步骤四 中棱归位

 学习目标：

找到属于中层的棱块，学习并运用公式将它们移到正确的位置，还原前两层。

 活动 1 看一看

底棱已归位，顶棱一定有_____（颜色），所以尚未归位的不含_____（颜色）的棱就是中棱。观察魔方，你将发现中棱有_____个，颜色分别是红绿、_____、_____、_____。

活动 2 画一画

画出中棱已归位的魔方。（图 2-4-1）

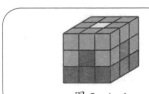

图 2-4-1

停一停·想一想

魔方的思维世界

 活动 3 帮一帮

中棱已归位的魔方（图 2-4-2），你是这样画的吗？

图 2-4-2

解读中棱归位（理想情况）：转动顶层，使位于顶层的中棱与中心块颜色匹配。观察"棱 1"移向左边还是右边的"棱 2"，使用公式将使得"棱 1"移至"棱 2"的位置，而"棱 2"被换至顶层。（图 2-4-3）

图 2-4-3

中棱归位可以仍旧用"公式 1 和 2"，但必须配套使用，即若先使用了"公式 1"，整体旋转魔方后使用"公式 2"。

中棱向右

公式1： ⇐ ‖↑ ⇒ ‖↓
U R U′ R′

整体转动魔方，使位于顶层
的白色角块的白色面向自己

公式2： ⇒ ↑‖ ⇐ ↓‖
U′ L′ U L

位于顶层的"红蓝棱块 1"与"蓝色中心块"颜色匹配（图 2-4-4），"红蓝棱块 1"的家在中层右侧"棱 2"，使用

36

"公式1"和"公式2"。做完"公式1"后，发现"白红蓝角块"被移至了顶层，不要着急，整体旋转魔方，使"白红蓝角块"的白色朝向自己，接着做"公式2"，"红蓝棱块"归位。

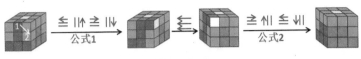

图 2-4-4

小贴士：做"公式1"的过程中始终是蓝色朝前，然后整体转动魔方，做"公式2"的过程中，魔方始终是红色朝前。（图 2-4-4）

活动4 照一照

观察图 2-4-3 中两个"棱1"呈镜像对称，两个"棱2"亦呈镜像对称。图 2-4-4 的中棱向右归位先使用"公式1"再使用"公式2"。根据镜像对称原理写出中棱向左归位时的公式。（图 2-4-5）

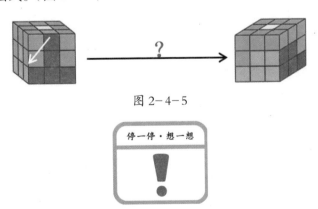

图 2-4-5

停一停·想一想

！

中棱向右公式 = 公式1+ 公式2，中棱向左公式与中棱

向右公式为镜像对称,而"公式1"与"公式2"亦是镜像对称,因此中棱向左公式 = 公式2+ 公式1。

或解读为(图2-4-6):位于顶层的"橙蓝棱块1"与"蓝色中心块"颜色匹配,将"橙蓝棱块1"移至左侧"棱2"位置。做"公式2","白橙蓝角块"被移至顶层,这时旋转魔方,使"白橙蓝角块"的白色朝向自己,做"公式1","橙蓝棱块"归位。

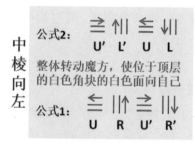

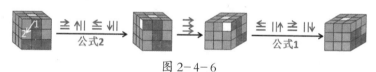

图 2-4-6

活动5 变一变

特殊情况:遇到"中棱2"位置或方向错误,如何调整?(图2-4-7)

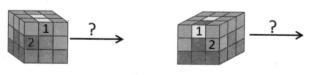

图 2-4-7

使用中棱归位公式使得图 2-4-7 的"棱 1"移到"棱 2"，而"棱 2"则被换至顶层。位于顶层的"棱 2"再按照理想情况还原。因此可以使用顶层任意颜色的棱块作为"棱 1"。先用"公式 1"，然后整体旋转魔方，将位于顶层的"白蓝红角块"的白色面向自己，做"公式 2"，这时"绿橙棱块"被换到了顶层，然后按照"活动 3"的方法还原。（图 2-4-8）

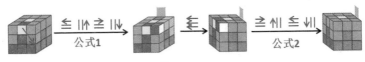

图 2-4-8

"蓝红棱块"虽到达正确位置，但方向错误（图 2-4-9），"蓝红棱块"不能原地翻转，需要将其换到顶层调整方向。

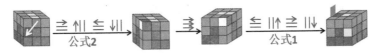

图 2-4-9

活动 6 测一测

完成了本节的学习，你的六维能力达到了什么水平？自我评价一下吧。自我评价分为 1—3 级水平，详见下表。请根据实际情况在"六维能力雷达图"上先描点再连线。

核心素养	具体目标	自我评价
观察力	你能快速找到 4 个中棱并指出它们的目标位置吗？	我能独立完成，3 分
		我能完成，需要时间较长，2 分
		我在老师的帮助下能完成，1 分
想象力	你能根据镜像对称原则写出"中棱向左"的公式吗？	我能自己完成，3 分
		我能，但需要与同伴交流，2 分
		我需要参考"活动 3"，1 分
推理力	你能根据理想情况推测出特殊情况的处理方法吗？	我能，快速且正确，3 分
		我能，需短时间思考，2 分
		我能，需较长时间的思考，1 分
记忆力	你是否已熟记中棱归位的公式？	我非常熟练，3 分
		我比较熟练，2 分
		我不太熟练，1 分
表达力	你能用简洁的语言向同伴描述魔方的状态及注意事项？	我能用简洁的语言清晰表达，3 分
		我能较为流利地表达，2 分
		我能，表达时停顿较多，1 分
协调力	你能很快将公式转化为手指运动吗？	我能很快完成，3 分
		我需要短时间思考，2 分
		我需要较长时间，1 分

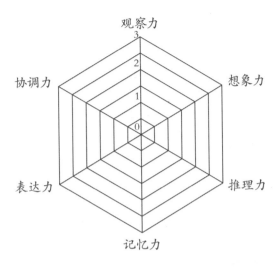

魔方还原遇到困难时，你想到过放弃吗？本节已完成，请写下你此刻的感悟。

_____

_____

_____

_____

_____。

步骤五 顶棱翻色（黄色十字）

⇨ **学习目标：**

找到 4 个顶棱，并将 4 个顶棱的黄色面都朝上，使得顶棱和黄色中心块组成"黄色十字"，顶棱侧面颜色不需要和侧面中心块颜色匹配。

活动 1 看一看

观察你的魔方，顶棱只有_____个，分别是黄蓝、

_____、_____、_____。

活动 2 画一画

魔方立体图转化为俯视图：顶棱 3、4 已翻色（图 2-5-1），需在顶面九宫格的相应位置涂色；顶棱 1、2 的黄色位于侧面，只能在九宫格四周的小长方形内涂色。

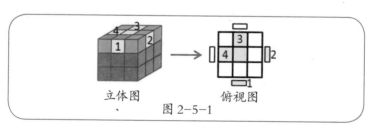

立体图 、 俯视图

图 2-5-1

观察你和同伴的魔方，在魔方俯视图中将顶棱涂成黄色。（图 2-5-2）

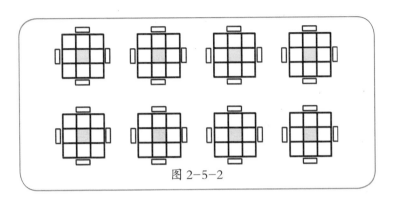

图 2-5-2

停一停·想一想

活动3 帮一帮

还原前两层后，我们会遇到下面四种情况之一，分别为"单点型""拐弯型""一字型"和"十字型"，其中"十字型"是顶棱翻色的还原状态。（图2-5-3）

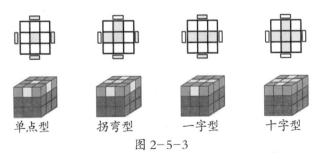

单点型   拐弯型   一字型   十字型

图 2-5-3

单点型：只有中心块是黄色，4个棱块的黄色均在侧面。

拐弯型：黄色已朝上的2个顶棱和黄色中心块成直角。

一字型：黄色已朝上的 2 个顶棱与黄色中心块成一直线。

顶棱翻色只需要一个公式：

公式3： ↻ ‖↑ ⇐ ‖↓ ⇒ ↻
　　　　F　R　U　R′　U′　F′

"试错"练习：通过多次尝试，总结魔方的正确摆放方式，以及"拐弯型""一字型"和"单点型"之间的关系。试错时一定要及时记录、总结，画出俯视图即可。举例说明"一字型"和"拐弯型"的试错方法。

"一字型"试错：以汉字"一"或阿拉伯数字"1"方式摆放魔方，做"公式 3"，记录结果。（图 2-5-4）

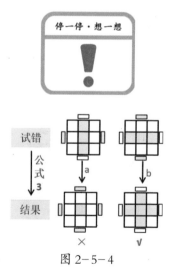

图 2-5-4

通过试错练习我们发现，"一字型"若以汉字"一"方式摆放，做"公式 3"后，所有顶棱翻色。因此阿拉伯数字"1"摆放错误，正确摆放为汉字"一"。

"拐弯型"试错：将 4 个魔方一字摆开，将拐弯置于不同方向，然后做"公式 3"，及时记录结果。（图 2-5-5）

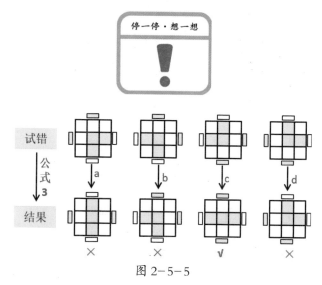

图 2-5-5

如果只有一个魔方，同样能做试错练习。第一次顶棱翻色时将拐弯置于某个方向，做"公式 3"，记录结果。下次顶棱翻色时再将拐弯置于另一个方向，做"公式 3"，记录结果。

"四种状态相互关系"试错："一字型""十字型""拐弯型"和"单点型"之间是如何转化的，请你试错并记录。

大侠总结四种状态之间的关系。（图2-5-6）

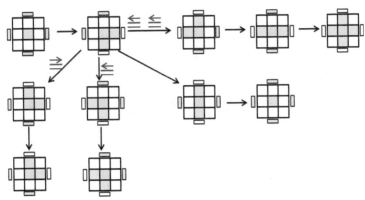

图 2-5-6

因此，"一字型"，摆成汉字"一"。"单点型"，怎样放置都可以。"拐弯型"，摆放成"九点钟"。

用最少的步骤得到"黄色十字"，正确的摆放及相互关系如图2-5-7。除标注外，其余箭头均代表"公式3"。

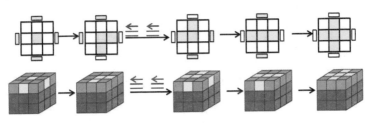

图 2-5-7

![活动4] **活动4 变一变**

魔友们交流时发现，魔方从"十字型"状态做一遍"公式3"就会变成"九点钟拐弯型"。有魔友想能不能只做一遍公式让"九点钟拐弯型"跳过"一字型"直接成为"十

字型"呢？（图 2-5-8）

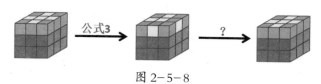

图 2-5-8

去路是"十字型→九点钟拐弯型"，那么原路返回不就是"九点钟拐弯型→十字型"吗？"逆公式"通俗的讲就是"原路返回"。如"前层顺时针"原路返回是"前层逆时针"，"右层顺时针"原路返回是"右层逆时针"。

"逆公式"试错练习：

大侠通过下面的方法得到"公式 3"的逆公式：

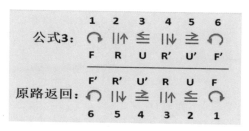

"公式 3 的逆公式"按照顺序书写：

公式3的逆公式： F U R U' R' F'

47

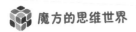

魔方的思维世界

 活动 5 测一测

　　完成了本节的学习，你的六维能力达到了什么水平？自我评价一下吧。自我评价分为 1—3 级水平，详见下表。请根据实际情况在"六维能力雷达图"上先描点再连线。

核心素养	具体目标	自我评价
观察力	你能在最短的时间内了解顶棱所在的状态并画出俯视图吗？	我能独立完成，3 分
		我能完成，需要时间较长，2 分
		我在老师的帮助下能完成，1 分
想象力	你是否已掌握"试错练习"的方法并及时总结？	我已掌握并能举一反三，3 分
		我已理解，但不能灵活应用，2 分
		在老师帮助下，我才理解，1 分
推理力	你能写出"公式 3 的逆公式"吗？	我能，快速且正确，3 分
		我能，需短时间思考，2 分
		我能，需较长时间的思考，1 分
记忆力	你是否已熟记顶棱翻色的公式？	我非常熟练，3 分
		我比较熟练，2 分
		我不太熟练，1 分
表达力	你能否用简洁的语言向同伴描述魔方的状态及注意事项？	我能用简洁的语言清晰表达，3 分
		我能较为流利地表达，2 分
		我能，但表达时停顿较多，1 分
协调力	你能很快将公式转化为手指运动吗？	我能很快完成，3 分
		我需要短时间思考，2 分
		我需要较长时间，1 分

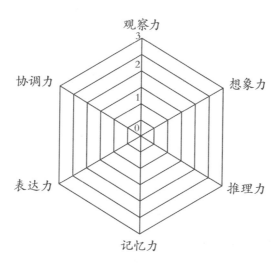

魔方还原遇到困难时，你想到过放弃吗？本节已完成，请写下你此刻的感悟。

_____

_____

_____

_____

_____ 。

步骤六 顶角翻色

➡ **学习目标:**

4个顶角的黄色面都朝上,即魔方的顶面所有块均为黄色面朝上。

活动1 画一画

底层"白色十字"出现后接着要底角归位。那么顶层呢?"黄色十字"出现后当然是将顶面变成黄色,也就是将顶角翻色。

魔方立体图转化为俯视图:顶角翻色时,已翻色的"顶角1"涂色在顶面九宫格的相应位置,未翻色的"顶角2、3、4"涂在九宫格四周的小长方形内。(图2-6-1)

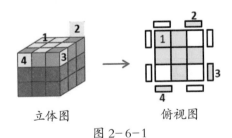

立体图　　　　俯视图

图 2-6-1

观察你和同伴的魔方,在魔方俯视图中将顶角涂成黄色。(图2-6-2)

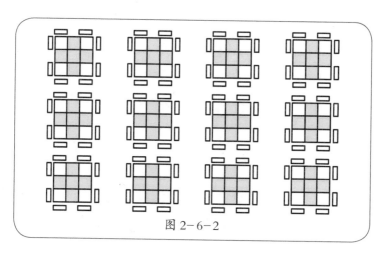

图 2-6-2

魔方顶棱翻色后，顶角只可能出现 8 种情况，第八种是已经完成的。（图 2-6-3）

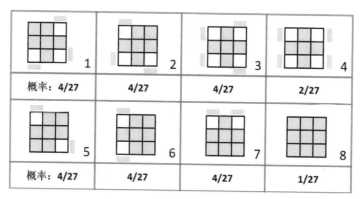

图 2-6-3

魔方的思维世界

 活动 2 转一转

若只观察顶层的黄色块（图 2-6-4），将发现这些黄色组合在一起像一尾卡通小鱼。三个未翻色的顶角若进行逆时针翻转，则顶角的黄色全部翻至顶面，这样的"小鱼"称为"小鱼一"（逆小鱼）。

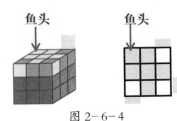

图 2-6-4

顶角翻色只须"小鱼一"和"小鱼二"两个公式。其中"小鱼一"公式：

公式4：小鱼一（逆小鱼）	‖↓ ⇌ ‖↑ ⇌ ‖↓ ⇌ ⇌ ‖↑
	R′ U′ R U′ R′ U′ U′ R

"小鱼一"摆放方式试错练习："小鱼一"公式能够让三个角块同时翻色，鱼头应放置在哪个角呢？

大侠的试错练习，红色箭头指向"鱼头"。（图 2-6-5）

52

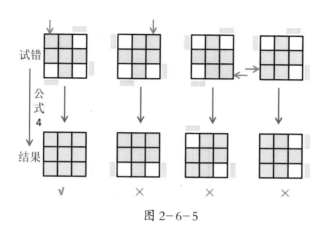

图 2-6-5

由试错结果可知，"小鱼一"的鱼头应放在"顶层左后角"，即顶层、左层、后层的夹角。（图 2-6-6）

图 2-6-6

🎋 活动 3 变一变

1. 写出"小鱼二"公式

不难发现，"小鱼一"与"小鱼二"互为镜像（图 2-6-7），因此"小鱼一"与"小鱼二"的公式也互为镜像。

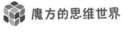

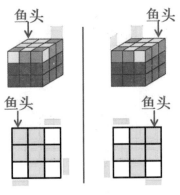

图 2- 6 - 7

请你根据"小鱼一"公式写出"小鱼二"公式：

大侠写出来的"小鱼二"公式：

公式5：小鱼二（顺小鱼） ↓∥ ≦ ⑾∥ ≦ ↓∥ ≦ ≦ ⑾∥
L U L' U L U U L'

2."小鱼二"摆放方式试错练习："小鱼二"的鱼头应置于哪个角？

大侠是把"小鱼二"的鱼头放在"右后角"。（图 2-6-8）

图 2-6-8

3.两个顶角未翻色：两个顶角的黄色不在顶面。（图 2-6-9）

图 2-6-9

试错练习：魔方的正确摆放方式、公式是怎样的？

二后：当两个顶角未翻色时，须使得位于左后角的角块黄色朝向后。先做"小鱼一"，再用"小鱼二"。（图 2-6-10）

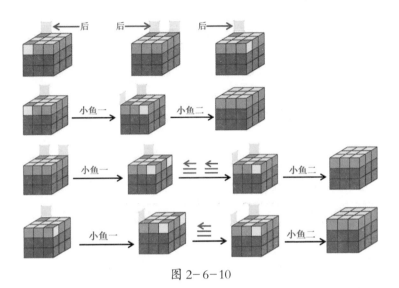

图 2-6-10

4. 四个顶角未翻色：四个顶角的黄色不在顶面。（图 2-6-11）

图 2-6-11

试错练习：魔方的正确摆放方式、公式是怎样的?

四左：四个顶角均未翻色时，须使得位于左后角的角块黄色朝向左。（图 2-6-12）

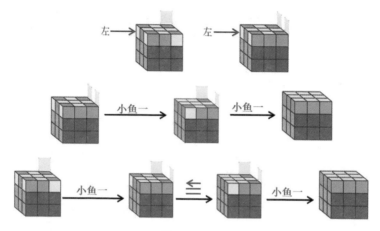

图 2-6-12

活动 4 测一测

完成了本节的学习，你的六维能力达到了什么水平？自我评价一下吧。自我评价分为 1—3 级水平，详见下表。请根据实际情况在"六维能力雷达图"上先描点再连线。

核心素养	具体目标	自我评价
观察力	你能在最短的时间内了解顶角黄色面所在的位置并画出俯视图吗？	我能独立完成，3分
		我能，需要时间较长，2分
		我在老师的帮助下能完成，1分
想象力	你能总结出"小鱼一"的正确摆放方式吗？	我能自己得出结论，3分
		我需要和同伴合作，2分
		我还需要老师的帮助，1分
推理力	你能根据"小鱼一"公式写出"小鱼二"公式吗？	我能，快速且正确，3分
		我能，需短时间思考，2分
		我能，需较长时间的思考，1分
记忆力	你是否已熟记"小鱼一"和"小鱼二"公式？	我非常熟练，3分
		我比较熟练，2分
		我不太熟练，1分
表达力	你能否用简洁的语言向同伴描述魔方的状态及注意事项？	我能用简洁的语言清晰表达，3分
		我能较为流利地表达，2分
		我能，但表达时停顿较多，1分
协调力	你能很快将公式转化为手指运动吗？	我能很快完成，3分
		我需要短时间思考，2分
		我需要较长时间，1分

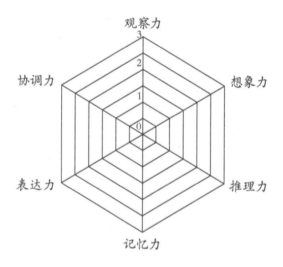

魔方还原遇到困难时，你想到过放弃吗？本节已完成，请写下你此刻的感悟。

_____

_____

_____

_____

_____ 。

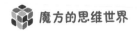
魔方的思维世界

步骤七 顶角归位

➩ **学习目标**:

顶角归位后，所有相邻角块的侧面都两两同色。

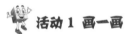
活动 1 画一画

整体转动魔方或只转动顶层，观察顶角侧面的颜色。在魔方俯视图（小长方形）中画出魔方顶角侧面的颜色。（图 2-7-1）

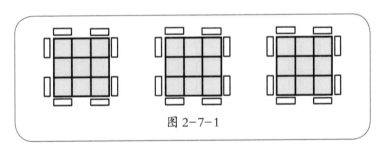

图 2-7-1

大侠观察到的魔方存在以下 3 种状态（图 2-7-2）：魔方顶角已归位（概率 1/6，图甲）；只有一组相邻角块的侧面颜色相同，其他三组都不同（概率 4/6，图乙）；另有

1/6 的概率所有相邻角块的侧面颜色都不同（图丙）。

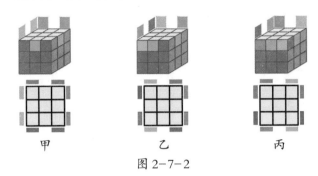

甲　　　　　　　乙　　　　　　　丙

图 2-7-2

活动2 试一试

只需公式 6，即可完成顶角归位。

公式6: R R D' D' R' U' R D D' R' U R'

试错练习：只有"角块 1"和"角块 2"归位（图 2-7-3
甲），或四个角块均未归位时（图 2-7-3 乙）。乙图中黄色
角块 1 和 2 侧面颜色不同、3 和 4 侧面颜色不同、5 和 6 侧
面颜色也不同。必须正确摆放魔方后才能使用公式 6。你
是如何摆放的呢?

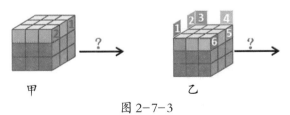

甲　　　　　　　　乙

图 2-7-3

小贴士：做"公式 6"以前，必须将黄色面朝前。

 活动 3 帮一帮

1.相邻两个角块的侧面颜色相同（理想情况）：将颜色相同的角块置于魔方右侧。（图 2-7-4）

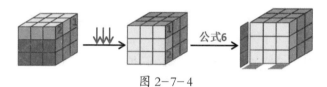

图 2-7-4

在做"公式 6"过程中将会出现两次由白色块组成的反向"L"，如果公式中间过程出错，则不会出现反向的"L"。（图 2-7-5）

图 2-7-5

2.四个角块均未归位（特殊情况）：哪个面放在右侧都可以，做一遍"公式 6"，你将发现有一组相邻角块的侧面颜色相同，把这两个角块放在右侧，然后再用"公式 6"就可以了。（图 2-7-6）

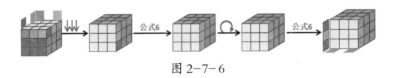

图 2-7-6

活动 4 变一变

有些朋友是左撇子，那么他们在使用"公式 6"时略显不便。左撇子的朋友应该如何放置魔方，你能为他们写出左撇子公式吗？

停一停·想一想

!

左撇子公式：根据镜像对称，将两个侧面颜色相同的角块置于魔方左侧，做"公式 6"的镜像公式。（图 2-7-7）

左撇子公式：L′ L′ D D L U L′ D D L U′ L

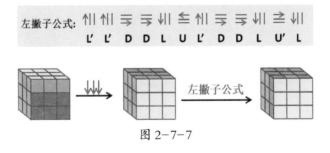

图 2-7-7

活动 5 测一测

完成了本节的学习，你的六维能力达到了什么水平？自我评价一下吧。自我评价分为 1—3 级水平，详见下表。请根据实际情况在"六维能力雷达图"上先描点再连线。

核心素养	具体目标	自我评价
观察力	你能在最短的时间内了解顶角的位置并画出俯视图吗?	我能独立完成,3分
		我能完成,需要时间较长,2分
		我在老师的帮助下能完成,1分
想象力	你能总结出"顶角归位"时魔方的正确摆放方式吗?	我能自己得出结论,3分
		我需要和同伴合作,2分
		我还需要老师的帮助,1分
推理力	你能为左撇子朋友写出公式吗?	我能,快速且正确,3分
		我能,需短时间思考,2分
		我能,需较长时间的思考,1分
记忆力	你是否已熟记顶角归位的公式?	我非常熟练,3分
		我比较熟练,2分
		我不太熟练,1分
表达力	你能否用简洁的语言向同伴描述魔方的状态及注意事项?	我能用简洁的语言清晰表达,3分
		我能较为流利地表达,2分
		我能,但表达时停顿较多,1分
协调力	你能很快将公式转化为手指运动吗?	我能很快完成,3分
		我需要短时间思考,2分
		我需要较长时间,1分

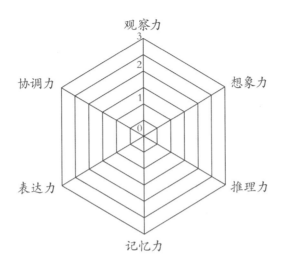

魔方还原遇到困难时，你想到过放弃吗？本节已完成，请写下你此刻的感悟。

_____

_____

_____

_____

_____○

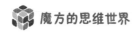

步骤八 顶棱归位

🔖 **学习目标:**

顶棱归位,还原魔方。

🎯 **活动 1 画一画**

将魔方立体图转化为俯视图:立体图"顶棱 1、2、3"顺时针交换,俯视图中"1、2、3"顺时针交换,进一步简化以箭头表示。(图 2-8-1)

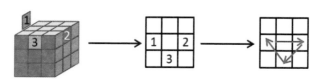

图 2-8-1

在魔方俯视图中,将交换的顶棱以箭头表示出来(图 2-8-2)。

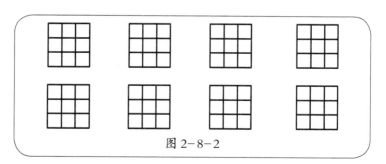

图 2-8-2

大侠观察到顶棱有四种情况，分别是"逆时针三棱换""顺时针三棱换""对棱换""邻棱换"。（图2-8-3）

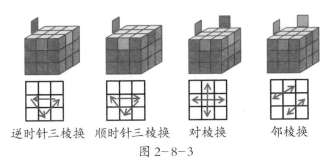

逆时针三棱换　顺时针三棱换　对棱换　　邻棱换

图2-8-3

活动2 试一试

你只需要用"公式7"就可以还原魔方了。

"公式7"原理：使位于左、前、右的三个顶棱进行逆时针交换。（图2-8-4）

图2-8-4

公式7：‖↑ ⇌ ‖↑ ⇌ ‖↑ ⇌ ‖↑ ⇌ ‖↓ ⇌ ‖↓ ‖↓
R U' R U R U R U' R' U' R' R'

最大的难题是四种情况只有一个公式，魔方该如何摆放呢？

试错练习：多尝试几次，你就能得到正确的结论。

活动 3 帮一帮

"邻棱换"：按图摆放魔方，做一遍公式 7 "橙→绿→红"三个顶棱进行逆时针交换，"绿棱"归位。将魔方整体向右转动 90°，将绿色置于后面，"蓝→红→橙"三个顶棱进行逆时针交换，再做一遍"公式 7"，顶棱全部归位。（图 2-8-5）

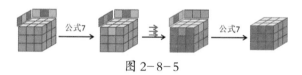

图 2-8-5

顺（逆）时针三棱换：把已经还原的那个面置于后层，即背对自己。（图 2-8-6）

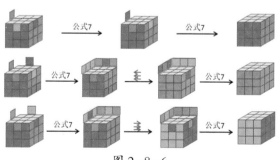

图 2-8-6

魔方还原大功告成啦！庆祝一下吧！

 活动 4 变一变

如果你不想学习新的"公式7"，使用"小鱼"公式也是可以将顶棱归位的。但是不能单独使用一个公式，"小鱼一"和"小鱼二"是配套使用的，即如果先用"小鱼一"，那么接着使用"小鱼二"。如果先用了"小鱼二"，那么后用"小鱼一"。

图 2-8-3 遇到的几种情况中，你应如何正确使用"小鱼"公式呢？以下是你的"试错练习"时间：

"顺时针三棱换"解读：将已归位的顶棱置于前面，另三个顶棱顺时针交换，先使用"小鱼二"公式，这时发现魔方被打乱了，不要着急，顶层黄色块组成"小鱼一"，将"小鱼一"的鱼头放在左后，做"小鱼一"公式，全部顶棱归位。（图 2-8-7）

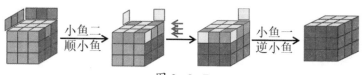

图 2-8-7

"对棱换"解读：先使用"小鱼一"公式，接着做"小鱼二"公式，有一顶棱归位，然后按照逆时针三棱换的方法还原。（图 2-8-8）

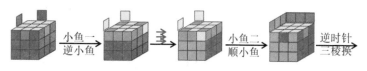

图 2-8-8

逆时针三棱换、邻棱换（图 2-8-9）。

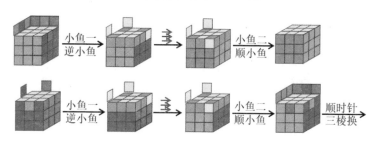

图 2-8-9

活动 5 测一测

完成了本节的学习，你的六维能力达到了什么水平？自我评价一下吧。自我评价分为 1—3 级水平，详见下表。请根据实际情况在"六维能力雷达图"上先描点再连线。

核心素养	具体目标	自我评价
观察力	你能在最短的时间内了解顶棱所在的位置并画出俯视图吗？	我能独立完成，3分
		我能完成，需要时间较长，2分
		我在老师的帮助下能完成，1分
想象力	你能总结出"顶棱归位"时魔方的正确摆放方式吗？	我能自己得出结论，3分
		我需要和同伴合作，2分
		我还需要老师的帮助，1分
推理力	你能总结出如何使用"小鱼"公式还原魔方吗？	我能，快速且正确，3分
		我能，需短时间思考，2分
		我能，需较长时间的思考，1分
记忆力	你是否已熟记顶棱归位的公式？	我非常熟练，3分
		我比较熟练，2分
		我不太熟练，1分
表达力	你能否用简洁的语言向同伴描述魔方的状态及注意事项？	我能用简洁的语言清晰表达，3分
		我能较为流利地表达，2分
		我能，但表达时停顿较多，1分
协调力	你能很快将公式转化为手指运动吗？	我能很快完成，3分
		我需要短时间思考，2分
		我需要较长时间，1分

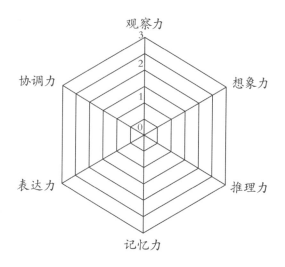

魔方还原遇到困难时，你想到过放弃吗？你已经能够将任意打乱的三阶魔方还原，请写下你此刻的感悟。

_____

_____

_____

_____

_____。

第三单元 二阶魔方和镜面魔方

通过本单元的学习，加深对三阶魔方层先法的理解，灵活运用所学公式还原二阶魔方和镜面魔方。

观察力：找出二阶魔方、镜面魔方与三阶魔方的区别和联系。

想象力：由二阶魔方、镜面魔方的状态想象三阶魔方相对应的状态。

推理力：由三阶魔方的还原方法推测二阶魔方、镜面魔方的还原方法。

记忆力：熟练记忆公式，并将公式转化为肌肉记忆。

表达力：用准确的语言表达魔方的状态、公式及注意事项。

协调力：训练眼的敏锐观察能力，大脑的快速反应能力，手指运动的灵活性。

二阶魔方

🖐 **学习目标:**

使用三阶魔方层先法将二阶魔方还原。

二阶魔方(Mini Cube 或 Pocket Cube),中文直译叫做"口袋魔方",由鲁比克发明。二阶魔方为 $2 \times 2 \times 2$ 的立方体结构,总共有 $3,674,160$ 种变化。

活动1 看一看

将二阶魔方和三阶魔方同时摆放于桌面上,比较是否有中心块、棱块和角块,有的在表格中打"√"。

	中心块	棱块	角块
三阶魔方			
二阶魔方			

活动2 比一比

三阶魔方使用"层先法"还原。(图 3-1-1)

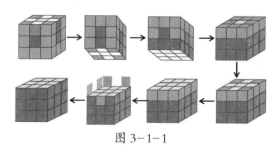

图 3-1-1

二阶魔方只有角块，没有中心块、棱块，拆开魔方你将发现，中心块和棱块被隐藏了。因此二阶魔方还原步骤为底角归位、顶角翻色、顶角归位。

 活动 3 转一转

转一转二阶魔方，尝试将其还原。

 活动 4 帮一帮

1. 底角归位

二阶魔方没有中心块（图 3-1-2），假设"白蓝红角块"已归位，以这个角块为基准还原其他角块。"角块 1"应为"白蓝橙"，"角块 2"应为"白橙绿"，"角块 3"应为"白红绿"。使用"公式 1、2"还原。

图 3-1-2

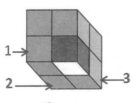

公式1: U R U' R'   公式2: U' L' U L

2. 顶角翻色

三阶魔方顶角翻色前可能出现以下几种情况（图 3-1-3）：

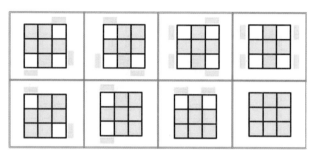

图 3-1-3

如果把图 3-1-3 魔方的中心块和棱块画掉，剩下的就是角块。请在魔方俯视图中画出二阶魔方可能出现的情况。（图 3-1-4）

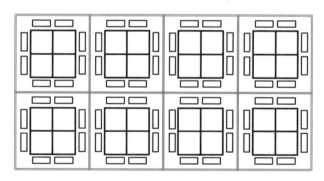

图 3-1-4

参考二阶魔方顶角翻色前的立体图形，使用"小鱼一、小鱼二"公式翻色。（图 3-1-5）

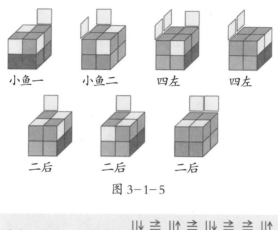

小鱼一　　　小鱼二　　　四左　　　四左

二后　　　　　二后　　　　　二后

图 3-1-5

公式4：小鱼一（逆小鱼）	↓↓ ⇉ ↓↑ ⇉ ↓↓ ⇉ ⇉ ↓↑
	R′ U′ R U R′ U′ U R

公式5：小鱼二（顺小鱼）	↓↓ ⇇ ↑↓ ⇇ ↓↓ ⇇ ⇇ ↑↓
	L U L′ U L U U L′

3. 顶角归位

比较三阶魔方与二阶魔方角块的还原（图 3-1-6），用"公式 6"就可以了。

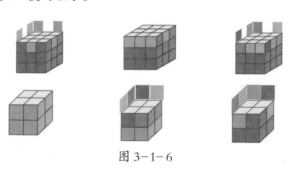

图 3-1-6

公式6：	↓↑ ↓↑ ⇇ ⇇ ↓↓ ⇉ ↓↑ ⇇ ⇇ ↓↓ ⇇ ↓↓
	R R D′ D′ R′ U′ R D′ D′ R′ U R′

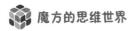 魔方的思维世界

 活动5 测一测

完成了本节的学习,你的六维能力达到了什么水平?
自我评价一下吧。自我评价分为1—3级水平,详见下表。
请根据实际情况在"六维能力雷达图"上先描点再连线。

核心素养	具体目标	自我评价
观察力	你能找出二阶魔方与三阶魔方结构的异同吗?	我能独立完成,3分
		我能完成,需要时间较长,2分
		我在老师的帮助下能完成,1分
想象力	你能使用三阶魔方的公式将二阶魔方还原吗?	我能独立完成,3分
		我需要和同伴合作,2分
		我还需要老师的帮助,1分
推理力	你能使用其他方法还原二阶魔方吗?	我能,快速且正确,3分
		我能,需短时间思考,2分
		我能,需较长时间的思考,1分
记忆力	你是否已熟记二阶魔方的还原公式?	我非常熟练,3分
		我比较熟练,2分
		我不太熟练,1分
表达力	你能否用简洁的语言向同伴描述如何使用层先法还原二阶魔方?	我能用简洁的语言清晰表达,3分
		我能较为流利地表达,2分
		我能,但表达时停顿较多,1分
协调力	你能很快将公式转化为手指运动吗?	我能很快完成,3分
		我需要短时间思考,2分
		我需要较长时间,1分

78

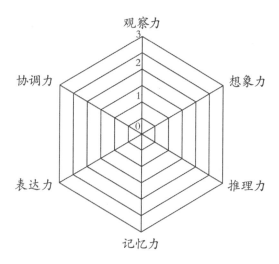

魔方还原遇到困难时，你想到过放弃吗？你已能够还原二阶魔方，请写下你此刻的感悟。

_____

_____

_____

_____

_____。

镜面魔方

⇨ **学习目标：**

使用三阶魔方层先法将镜面魔方还原。

镜面魔方（The mirror cube）形状怪异，是三阶异形魔方的一种。只要你会还原三阶魔方，多观察多思考，就会掌握要领，很快就可以搞定啦。

活动 1 看一看

三阶魔方还原时观察的是颜色，镜面魔方还原时的依据是什么？

以不同的形状块来确定它应该回到的位置。

传统的三阶六色魔方是上、下、左、右、前、后六面颜色均不同，还原时以颜色来确定棱块、角块所在的位置。而镜面魔方只有一种颜色，不规则的切割让魔方每一块都具有不同的形状。镜面魔方是通过每块的几何尺寸来识别的，当需要还原的棱块或角块抹平（即高度一致）时，即还原。

转动镜面魔方，你将发现魔方也可分为前、中、后三层；或左、中、右三层；或上、中、下三层。因此镜面魔方就是普通三阶魔方的变形。用还原三阶魔方的方法即可还原镜面魔方。

 活动 2 转一转

试着转动你的镜面魔方并将其还原。

小贴士：在还原镜面魔方的同时将三阶魔方置于桌面上，三阶魔方还原一步，暂停；镜面魔方还原相同的步骤，暂停。然后进行下一步，直至最后还原。这样会简单很多。一步步来，你肯定可以的。

镜面魔方还原时，按照图 3-2-1 摆放魔方，"箭头 1"在镜面魔方是最薄的底层（相当于三阶魔方的白色底层），"箭头 2"在镜面魔方是最厚的顶层（相当于三阶魔方的黄色顶层）。

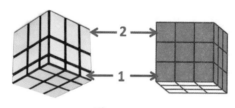

图 3-2-1

普通三阶魔方还原时要求颜色一致，镜面魔方还原时需要高度一致，即抹平。

建议：魔友们先自己尝试着还原，实在有困难时再参考大侠给出的秘籍。

停一停·想一想
!

活动 3 帮一帮

1. 底棱背位（一朵小花）

三阶魔方：黄色中心块 +4 个白色棱块。

镜面魔方：最厚中心块（红色箭头）+4 个最薄棱块（蓝色箭头），最薄的 4 个棱块高度一致。（图 3-2-2）

图 3-2-2

2. 底棱归位（白色十字）

转动顶层使得最薄棱块（蓝色箭头）与侧面相应中心块（绿色箭头）对齐，即高度一致，然后转动前层将对齐的最薄棱块与中心块旋转 180°。最厚中心块（相当于三阶魔方黄色中心块）为红色箭头所示。（图 3-2-3）

图 3-2-3

82

三阶魔方：白色中心块＋白蓝棱块＋蓝色中心块。

镜面魔方：最薄中心块（红色箭头）＋最薄棱块（蓝色箭头），且底棱的侧面（黄色箭头）与中心块抹平（黄色箭头）。为方便观察，将镜面魔方的最薄层（底层）翻转至顶层。（图3-2-4）

图 3-2-4

3. 底角归位

三阶魔方：观察颜色，还原白色角块。

镜面魔方：观察尺寸，还原最薄角块。侧面出现倒的大写"T"，如图3-2-5中红色。

公式1： ⥮ ⥮↑ ⥮ ⥮↓
U R U′ R′

公式2： ⥮ ↯⥮ ⥮ ↯⥮
U′ L′ U L

图 3-2-5

4. 中棱归位

三阶魔方：位于顶层的中棱 + 中心块 + 底棱，颜色匹配，置于前层，做"公式 1"和"公式 2"。

镜面魔方：位于顶层的中棱（绿色箭头）+ 中心块（红色箭头）+ 最薄棱块（白色箭头），厚度一致（图 3-2-6）。中棱向左还是向右呢？顺时针或逆时针转动前层，若该中棱与左侧中心块匹配（高度一致），即中棱向左，相反情况则向右。图 3-2-7 是中棱已归位的魔方。

图 3-2-6

图 3-2-7

5. 顶棱翻色（黄色十字）

三阶魔方：黄色棱块与中心块的组合有四种情况（观察黄色），如"单点型""拐弯型""一字型"和"十字型"。

镜面魔方：最厚中心块（红色箭头）与最厚顶层棱块（蓝色箭头）的厚度一致时顶棱翻色完成。中棱归位后有四种情况（观察厚度），如"单点型""拐弯型""一字型"和"十字型"。（图 3-2-8）

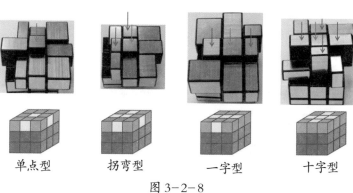

| 单点型 | 拐弯型 | 一字型 | 十字型 |

图 3-2-8

6. 顶角翻色

三阶魔方：观察颜色，黄色中心块 + 黄色棱块 + 黄色角块，会出现"小鱼一""小鱼二""二后""四左"四种情况。

镜面魔方：观察最厚的顶层，最厚中心块 + 最厚棱块 + 最厚角块，当其中一个角块（鱼头）与中心块和棱块高度一致时，会形成"小鱼一"或"小鱼二"；当有两个角块与中心块和棱块高度一致时，形成"二后"；当四个角块与中心块和棱块高度均不一致时，形成"四左"（图 3-2-9）。红色箭头为"鱼头"，"鱼头"与"十字"高度一致，其他蓝色箭头所示均与"鱼头"高度不一致。"二后"的两个箭

头所指的角块与其他块的高度不一致。"四左"的四个箭头
所指的角块与中心块、棱块的高度不一致。其中"二后""四
左"各举一例。

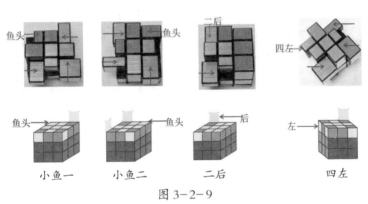

图 3-2-9

顶角翻色完成，顶角（白色箭头）与中心块和棱块高
度一致，顶面抹平。（图 3-2-10）

图 3-2-10

7.顶角归位

三阶魔方：观察顶层角块的侧面颜色。

镜面魔方：魔方的俯视图中（图 3-2-11），顶角（白色箭头）已翻色，但没有到达目标位置。观察角块侧面的厚度，厚度一致即角块颜色相同。"箭头 3"和"箭头 4"右侧面厚度一致（在一条蓝线上），即表示三阶中的"两个角块的侧面颜色相同"，将"箭头 3"和"箭头 4"所在侧面置于右侧。

公式6： ||↑|↑ ||↑ ⇄ ⇄ ||↓ ⇌ ||↑ ⇄ ⇄ ||↓ ⇌ ||↓

R R D′ D′ R′ U′ R D′ D′ R′ U R′

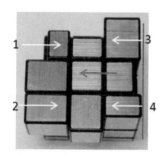

图 3-2-11

8.顶棱归位

三阶魔方：观察黄色棱块（颜色）如何交换。

镜面魔方：观察最厚棱块（形状）如何交换（图 3-2-12）。与三阶相同，有四种情况（图 3-2-13），使用公式 7。

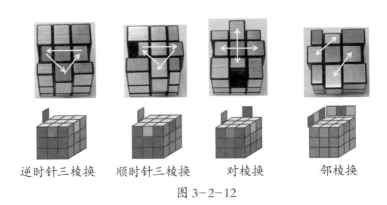

逆时针三棱换　　　顺时针三棱换　　　对棱换　　　　邻棱换

图 3-2-12

公式7: ||↑ ⇌ ||↑ ⇐ ||↑ ⇐ ||↑ ⇌ ||↓ ⇌ ||↓ ⇌ ||↓ ↓
　　　R U′ R U R U R U′ R′ U′ R′ R′

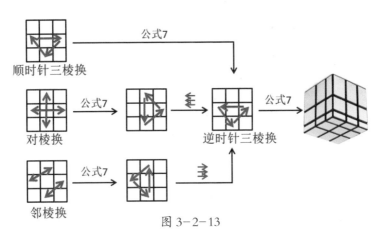

图 3-2-13

终于还原了，庆祝一下吧！

活动 4 测一测

完成了本节的学习，你的六维能力达到了什么水平？
自我评价一下吧。自我评价分为 1—3 级水平，详见下表。

请根据实际情况在"六维能力雷达图"上先描点再连线。

核心素养	具体目标	自我评价
观察力	你能找出镜面魔方与普通三阶魔方中心块、棱块、角块的区别吗？	我能独立完成，3分
		我能完成，需要时间较长，2分
		我在老师的帮助下能完成，1分
想象力	你能使用三阶魔方的公式将镜面魔方还原吗？	我能独立完成，3分
		我需要和同伴合作，2分
		我还需要老师的帮助，1分
推理力	你能根据镜面魔方块的大小、形状推理三阶魔方块的颜色及位置吗？	我能，快速且正确，3分
		我能，需短时间思考，2分
		我能，需较长时间的思考，1分
记忆力	你是否已熟记镜面魔方的还原公式？	我非常熟练，3分
		我比较熟练，2分
		我不太熟练，1分
表达力	你能否用简洁的语言向同伴描述镜面魔方还原时的注意事项？	我能用简洁的语言清晰表达，3分
		我能较为流利地表达，2分
		我能，但表达时停顿较多，1分
协调力	你能很快将公式转化为手指运动吗？	我能很快完成，3分
		我需要短时间思考，2分
		我需要较长时间，1分

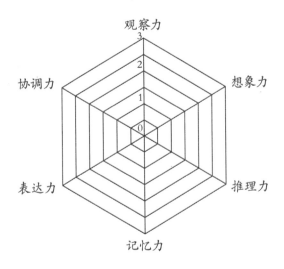

魔方还原遇到困难时，你想到过放弃吗？你已能够还原镜面魔方，请写下你此刻的感悟。

_____

_____

_____

_____

_____。

答 案

P5：6；8；12；棱；角；

P6：橙；橙；不变；黄白；红橙；蓝绿；白；绿；红

P14：解析：魔方的通用符号、图例、图形符号相互转换。

转动方法	通用符号	图例	图形符号
	R2		
前层逆时针转90°			
左层顺时针转90°	L		

P18：4；白绿；白橙；白蓝

P28：4；白绿橙；白橙蓝；白蓝红

P35：黄色；黄色；4；绿橙；橙蓝；蓝红

P42：4；黄橙；黄绿；黄红

P74：

	中心块	棱块	角块
三阶魔方	√	√	√
二阶魔方			√